ÉTUDE

SUR

LES ENGRAIS

ET SUR

L'ACTION DE LEURS PRINCIPAUX ÉLÉMENTS

OU

RÉSUMÉ

extrait des recherches et travaux de MM. Liebig,
Boussingault, Payen, Malagutti, Bobière, Soubeiran, etc.,
de quelques notions et principes importants
en matière d'engrais, de nutrition végétale
et de culture,

PAR M. DUMAY

membre de la Société centrale d'agriculture du Puy-de-Dôme

Extrait du *Bulletin de la Société d'agriculture du Puy-de-Dôme*, d'avril et mai 1863

Clermont-Ferrand

TYPOGRAPHIE DE PAUL HUBLER, LIBRAIRE

1863

ÉTUDE

SUR

LES ENGRAIS

ET SUR

L'ACTION DE LEURS PRINCIPAUX ÉLÉMENTS

OU

RÉSUMÉ

extrait des recherches et travaux de MM. Liebig,
Boussingault, Payen, Malagutti, Bobière, Soubeiran, etc.,
de quelques notions et principes importants
en matière d'engrais, de nutrition végétale
et de culture,

PAR M. DUMAY

membre de la Société centrale d'agriculture du Puy-de-Dôme

Extrait du *Bulletin de la Société d'agriculture du Puy-de-Dôme*, d'avril et mai 1863

Clermont-Ferrand

TYPOGRAPHIE DE PAUL HUBLER, LIBRAIRE

1863

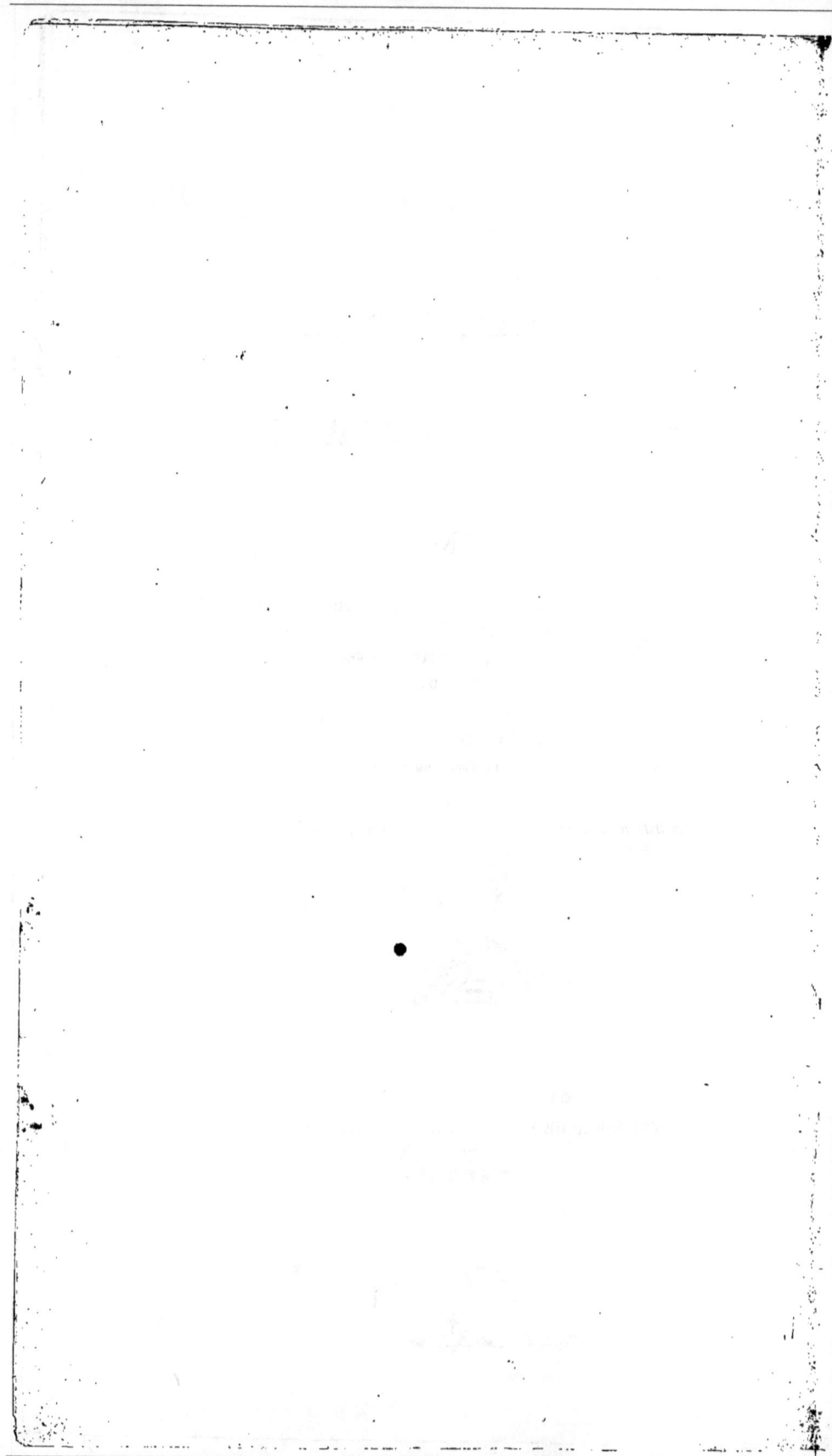

ÉTUDE

SUR LES ENGRAIS

ET

SUR L'ACTION DE LEURS PRINCIPAUX ÉLÉMENTS

———————⊂⟩⊂⊙⊂⟨⊂———————

> Les hommes, les animaux, les plantes s'ac-
> croissent et vivent aux dépens de la terre et
> de l'air. Or, la Providence a voulu que ce
> qui vient de l'air y retourne, et que ce qui
> vient de la terre y retourne également.

La nutrition végétale ou la théorie des engrais ne saurait
reposer sur une base plus certaine que la composition gé-
nérale des végétaux; car, évidemment, l'engrais, devant
apporter au sol tous les éléments de la nourriture souterraine, est tenu de lui fournir tout ce qui, devant entrer
dans cette composition, ne peut lui être spontanément
fourni par l'atmosphère.

Pour fonder cette théorie, la science a pris pour elle
ce que la pratique ne pouvait faire. Elle a analysé le sol,
l'air, les excréments des hommes et des animaux, les racines, les tiges, les feuilles, les fruits et les tubercules,
le sang et la chair des animaux. Elle a recherché ce que
leur organisme renferme de substances fixes et volatiles
et tout ce qui a rapport à leur production. Elle a mis sous
les yeux du cultivateur le résultat de ces analyses, et lui

a montré que les plantes, le sol et les engrais, ont certaines substances fixes communes. De la présence constante de ces substances dans les végétaux, elle a conclu qu'elles sont nécessaires à la formation des plantes et de leurs diverses parties, et par conséquent aussi nécessaires au sol sur lequel les végétaux devaient se développer, et encore nécessaires au fumier pour que celui-ci soit efficace.

Il fut alors reconnu que la fertilité du sol n'est pas seulement déterminée par l'abondance des débris d'origine organique (de l'humus), mais aussi par la présence des substances minérales que l'analyse avait indiquées dans les plantes. On rechercha ces substances dans la terre arable, et de leur présence ou de leur défaut, on put déduire la composition logique des engrais propres aux cultures diverses dans divers terrains.

La science a démontré en outre que les productions si variées du règne végétal, sont le résultat de la diversité de combinaisons de douze principes, dont quatre volatils ou atmosphériques, et huit solides ou minéraux.

Les principes atmosphériques, autrement dits organiques ou combustibles, sont l'oxygène, l'hydrogène, le carbone et l'azote. Ils proviennent de l'air : le carbone sous forme d'acide carbonique, l'azote sous forme d'ammoniaque ; l'eau et l'ammoniaque cèdent aux plantes leur hydrogène. Ces quatre éléments sont unis dans le végétal à une notable proportion de matières minérales extraites du sol par les canaux microscopiques des radicelles.

Les matières minérales, autrement dites principes fixes, inorganiques ou incombustibles, sont l'acide phosphorique, la potasse, la silice, l'acide sulfurique, la chaux, la magnésie, le fer et le sel. Elles forment les éléments constitutifs des cendres que les plantes laissent après leur combustion. Ces éléments des cendres ont été éléments du sol et sont une preuve irréfragable de l'aptitude du végétal à emprunter au sol des éléments terreux et fixes, tout aussi absolument nécessaires à la nutrition des plantes, à la formation et au développement de tous leurs organes, que l'eau, l'ammoniaque et l'acide carbonique, c'est-à-dire que l'oxygène, l'hydrogène, le carbone et l'azote.

Tous les principes fixes viennent du sol, tous les sols fertiles en contiennent certaines quantités; on les trouve toujours là où les plantes peuvent croître.

Les principes nutritifs contenus dans l'atmosphère n'entretiennent donc la végétation qu'avec le concours des principes nutritifs que renferme le sol, et réciproquement l'action de ceux-ci est nulle, quand il y a manque des premiers, ces deux sortes d'éléments devant exister et agir simultanément pour que la plante puisse croître et prospérer. Leur réunion en proportions convenables et sous forme absorbable constitue la richesse du sol, et celle-ci n'est complète qu'autant qu'il les renferme tous.

Avec les produits des champs la récolte enlève les éléments du sol, qui ont été absorbés et sont devenus éléments de la plante. Le sol en contenait plus après l'ensemencement qu'après la récolte, sa composition alors est changée.

Après un certain nombre d'années et de récoltes, la fertilité du sol diminue. Le changement dans sa composition est vraisemblablement la cause de sa stérilité; une fois appauvri, il ne peut être réintégré dans sa fertilité première que par l'apport de substances ou d'engrais qui lui restituent tous les principes enlevés. Le rétablissement de la composition primitive du champ est suivi du rétablissement de sa fertilité.

Tous les éléments de la nutrition végétale ont donc la même importance pour la plante dont la composition est la même, dans tous les lieux, et présente, dans chaque espèce, le même et constant rapport entre les éléments solides et les éléments gazeux. Tous font partie intégrante de sa constitution, et concourent à l'efficacité de la production par des réactions mutuelles extrêmement complexes et solidaires les unes des autres. Un agent nutritif ne produit aucun effet lorsqu'un seul des autres principes nourriciers manque, car ceux-ci constituent les conditions de son efficacité. Ils sont les uns par rapport aux autres, dit Liebig, comme autant d'anneaux d'une chaîne tournant autour d'une roue. Si l'un de ces anneaux est faible, la chaîne ne tarde pas à se rompre; l'anneau qui manque est nécessairement le principal, car sans lui la roue ne peut faire mouvoir la machine; la force de la chaîne est donc déterminée par la force de son anneau le plus faible.

L'agriculteur qui veut que ses récoltes prospèrent doit veiller à ce qu'aucun de ces anneaux ne manque, c'est-à-dire à ce que le champ qu'il cultive contienne tous les éléments de nutrition, et, dans le cas où l'un d'eux fait défaut, il ne peut compter sur une récolte convenable qu'en donnant au sol le principe fertilisant qui lui manque. Celui-ci acquiert alors pour lui une valeur plus considérable, comparativement à ceux que le champ contient en plus grande quantité, comme, par exemple, la chaux dans les terrains calcaires.

Les éléments de l'air sont absorbés par les feuilles, les éléments du sol par les racines. Celles-ci se comportent, en ce qui touche les moyens de nutrition atmosphériques qui entrent dans la composition du sol, de la même manière que les feuilles, c'est-à-dire qu'elles possèdent aussi la propriété d'absorber l'acide carbonique et l'ammoniaque, qui agissent alors sur l'organisme de la plante de la même manière que s'ils avaient été absorbés par les feuilles.

L'air et le sol sont donc les deux milieux dans lesquels s'accomplit la vie végétale, et les deux sources où elle puise tous les matériaux qui l'alimentent. L'étude des phénomènes qui l'accompagnent nous conduit à reconnaître que le sol a pour fonctions de servir de support à la plante, de lui fournir les matières minérales dont elle a besoin, et de recueillir les débris des végétations antérieures, pour offrir aux racines le résultat de leur décomposition. Quant à l'air, il renferme, avons-nous dit, tous les éléments qui constituent les matières organiques les plus complexes : carbone, hydrogène, oxygène, azote; et s'il paraît au premier aperçu servir seulement de milieu où s'élaborent et se transforment, sous la double influence de ses propres éléments et de la chaleur solaire, les sucs introduits dans les plantes par les racines, il a aussi pour mission de fournir, soit directement, soit avec l'intermédiaire du sol, tous les éléments qui servent à former ces sucs eux-mêmes.

Les plantes fourragères et les céréales ont besoin, pour leur développement, des mêmes éléments nutritifs, mais dans des proportions différentes. La réussite d'une plante fourragère prouve que l'air et la terre lui ont fourni, dans les proportions voulues, leurs principes fertilisants. Si sur le même champ le froment n'a pas mûri, c'est que quelque chose qui lui était nécessaire a manqué dans le sol. Il faut en chercher la cause dans le terrain même, et non dans l'insuffisance des éléments nutritifs de l'atmosphère, car les céréales puisent ces éléments à la même source que les plantes fourragères.

En vertu de leur nature essentiellement mobile, les éléments gazeux ou organiques se trouvent partout et sur toute la terre. Le mouvement de l'air et sa tendance à rétablir partout l'équilibre, les portant toujours là où ils sont nécessaires et là où il est à craindre qu'ils viennent à manquer, les rendent inépuisables pour les plantes.

Il en est tout autrement des éléments solides ou inorganiques. Immobiles de leur nature, fixés sur un point, le sol, d'où ils ne peuvent être éloignés que par une force étrangère, ils ne se rencontrent pas tous dans toutes les terres et tous aussi en grande quantité.

Des milliers d'analyses faites en France, en Allemagne, en Angleterre, concordant toutes quant à leurs résultats, ont en effet démontré que le sol du champ même le plus fertile contient une quantité extraordinairement minime des substances fixes des plantes, comparativement à sa masse.

Néanmoins, au point de vue de l'alimentation végétale, plusieurs de ces substances sont en tout temps abondantes et toujours à la disposition du cultivateur; mais trois d'entre elles, notamment, l'azote, l'acide phosphorique et la potasse, n'existent généralement dans la terre qu'en proportions très-limitées, et doivent être rendues à la plupart des sols. Dès lors, c'est principalement sur elles que doit se porter l'attention de l'agriculteur dans le choix et la composition de ses engrais.

Les matières organiques se subdivisent en deux classes bien distinctes : les unes, par leur composition, se rapprochent beaucoup des matières animales; les autres proviennent des tissus ligneux, des débris végétaux et des sécrétions diverses des plantes. Ce sont les premières, c'est-à-dire celles qui sont le plus spécialement animales, le plus richement azotées, qui offrent dans les engrais le plus de valeur réelle, non-seulement à raison de leur grande influence dans la vie des plantes, mais encore et surtout parce que, dans l'état le plus favorable à leur rapide décomposition et à leur assimilation facile, ces agents énergiques du développement des végétaux ne se rencontrent jamais en quantité suffisante sur les terres mêmes qui portent les plus riches cultures. Au contraire, les autres parties organiques ou minérales des engrais peuvent, dans les sols qui reçoivent depuis longues années d'abondantes fumures, se rencontrer en excès notable et tel que ces terres ne sauraient profiter en rien d'une addition nouvelle de semblables engrais.

L'acide carbonique et l'eau, composés l'un de carbone et d'oxygène, l'autre d'hydrogène et d'oxygène, subviennent évidemment à l'assimilation qui doit développer la portion des membranes, cellules ou tissus formés de carbone, hydrogène et oxygène, la cellulose notamment. Mais les plantes trouvent toujours à leur portée ces trois éléments, en quantité suffisante, dans les gaz et les liquides qui les environnent.

Le gaz acide carbonique, sans cesse absorbé par les feuilles des végétaux, mais toujours reproduit par les combustions, les fermentations spontanées, la calcination des carbonates calcaires et magnésiens et leur décomposition dans le sein de la terre, la respiration des animaux, les émanations des volcans, les exhalations des fleurs, etc., demeure en proportions constantes de quatre dix-millièmes dans l'air atmosphérique. Dans ses continuels mouvements, il renouvelle à tout instant ses points de contact avec les organes foliacés; il pénètre même dans les interstices du sol arable. Enfin tous les résidus des récoltes précédentes qui subissent des fermentations et combustions lentes, entretiennent à la superficie du terrain, autour des plantes, le même gaz toujours prêt à céder du carbone sous l'action des organes spéciaux de la végétation; et bien qu'on ne puisse prétendre qu'il leur soit absolument indifférent de le recevoir avec plus ou moins de facilité, sous une forme plutôt que sous une autre, et qu'au contraire il soit certain que l'acide carbonique de la terre est un puissant auxiliaire de la nutrition aérienne des plantes à toutes les époques de leur vie, puisqu'elles paraissent prospérer plus particulièrement dans les sols qui possèdent une certaine quantité de terreau soluble (humus), l'on peut dire néanmoins que ce que les engrais peuvent fournir de ce gaz est en général surabondant, si ce n'est dans les combinaisons ammoniacales qu'il forme au moment de la fermentation des matières azotées, de ces matières qui précisément constituent les plus riches engrais organiques.

Le gaz acide carbonique libre ne saurait donc faire défaut dans aucune terre en culture, et ce ne sont pas les substances capables de le fournir qui, en matière d'engrais, doivent entrer dans les préoccupations de l'agriculteur.

L'eau, qui se compose de deux éléments indispensables à la nutrition végétale, est elle-même fournie en quelque sorte gratuitement par les phénomènes météoriques, pluies, neiges, brouillards, etc. Le cultivateur n'a pas à s'en préoccuper non plus, si ce n'est pour les pratiques d'irrigation, de drainage ou de colmatage. En aucun cas, l'eau ne saurait compter pour une valeur quelconque dans les engrais commerciaux, puisqu'il est d'habitude de la défalquer par une dessiccation préalable de leur poids total. Si, dans les engrais liquides, l'eau joue souvent un rôle fort utile, c'est au même titre que les eaux naturelles appliquées en irrigation, et servant de véhicule pour répandre sur les terres l'engrais qu'elles ont pu dissoudre ou entraîner en suspension.

Les principes organiques et inorganiques que nous venons de passer en revue, sont donc les aliments des plantes, et sous ce rapport, d'après les données qui précèdent, se partagent en trois catégories :

Aliments azotés ;
Aliments carbonés ;
Aliments minéraux.

Or nul engrais, le fumier excepté, ne réunit ces trois sortes d'aliments dans les proportions voulues pour que la plante trouve de quoi se développer ; et bien grande a été l'erreur de ces agronomes qui, aveuglés par des idées par trop systématiques, puisées ailleurs qu'à l'expérience, ont préconisé l'une de ces trois catégories aux dépens des deux autres. Car si l'azote est de tous les éléments le plus cher, et est un principe vital et nécessaire pour l'action de toutes substances nutritives ou fertilisantes du sol ou des engrais, ce n'est pas une raison pour qu'on n'ait à se préoccuper que des engrais azotés, et méconnaître la part considérable que prend à l'acte de la végétation la matière organique non azotée, de même que les substances salines.

Ainsi donc point de préséance entre l'azote, le carbone et les sels, tous trois éléments nécessaires, principes essentiels de l'organisation végétale, et par cela même constitutifs de tout engrais complet.

ALIMENTS AZOTÉS

(matières animales, ammoniaque, sels ammoniacaux)

LEUR ACTION

La puissance fertilisante des matières animales ne dépend pas uniquement de la plus ou moins grande quantité d'azote qu'elles contiennent, de la plus ou moins grande rapidité de leur décomposition ; elle dérive surtout de la complexité de leur constitution. Elles renferment, sous un faible volume, un nombre considérable de matériaux indispensables à l'entretien et au développement des végétaux, et cela exactement dans le rapport contenu dans les plantes qui ont servi de nourriture aux animaux, ou, ce qui revient au même, dans le rapport qui convient à une nouvelle génération végétale. Là réside le secret de leur énergie, le fondement de leur valeur. Cette valeur, en effet, est en raison du nombre et de la qualité des éléments utiles qu'elles contiennent, et de la juste proportion dans laquelle ceux-ci sont associés, eu égard aux exigences des plantes, si d'ailleurs ils satisfont aux conditions d'état nécessaires pour leur assimilation.

La substance azotée qui se rencontre le plus fréquemment dans les produits de la décomposition des matières animales et végétales, est le carbonate d'ammoniaque. Soluble dans l'eau, volatil, il offre les plus favorables dispositions pour pénétrer facilement dans les plus délicats organismes, dans les spongioles radicellaires des végétaux. Contenant d'ailleurs les quatre éléments, carbone, oxygène, hydrogène et azote, de la matière organique quaternaire, réduit et assimilé dans les actes de la vie végétative, de nouveau il acquiert les propriétés de ces substances dites congénères des matières animales, fibrine, albumine, caséine, etc., lesquelles se reproduisent alors dans l'état qui convient à la nourriture des animaux. Et c'est ainsi que se complète une de ces admirables et perpétuelles rotations que ramènent sans cesse les conditions normales de la vie des êtres dépendant tous les uns des autres.

Mais indépendamment de l'azote qu'elles fournissent à la végétation, les matières azotées ont encore une importance capitale par le rôle qu'elles remplissent comme ferment ou agent de dissolution, dont l'action transforme certains éléments, tant organiques qu'inorganiques, du sol et des engrais en principes assimilables. Cette transformation se poursuit et s'achève par l'acide carbonique, l'ammoniaque et les sels ammoniacaux qui en sont les produits immédiats, et qui, indépendamment de l'azote, du carbone, de l'hydrogène et de l'oxygène dont ils sont la source pour l'alimentation des plantes, concourent encore de la manière la plus efficace à l'assimilation de certaines substances fixes essentielles à leur organisation.

Ainsi se trouve confirmée l'opinion des agronomes qui ont considéré les matières azotées employées comme engrais, comme n'intervenant pas seulement en fournissant à la végétation une partie plus ou moins grande de leur azote; mais encore comme exerçant une action assimilatrice, ayant pour effet de préparer et de rendre plus facilement absorbable une plus grande quantité de certaines substances fixes nutritives du sol.

Suivant M. Liebig, la chaux se dissout en quantité notable dans l'ammoniaque, et les sels ammoniacaux ont sur les sels de chaux qui sont insolubles dans l'eau, mais solubles dans certains acides, la même action que ces acides. De plus, ce chimiste a montré que le principe insoluble le plus important des engrais, le phosphate de chaux, trouve autant de dissolvants dans les sels ammoniacaux, le sel marin et les nitrates de potasse et de soude.

Pour expliquer l'action de l'ammoniaque et des sels ammoniacaux, il faut donc tenir compte de deux propriétés importantes : la première est la propriété qu'a l'ammoniaque de servir à la nourriture des plantes, la seconde est la propriété des sels ammoniacaux de pouvoir dissoudre certains éléments du sol, tels que phosphates terreux, sels de chaux et silicates alcalins, en remplaçant par leur acide, comme moyen dissolvant, l'acide carbonique, et de mettre ainsi en activité, au profit de la végétation, ces importants principes de nutrition.

Exposons, d'après Liebig, comment cette action s'opère.

Il n'y a pas en chimie, dit ce grand chimiste, de phénomème plus merveilleux, ni plus propre à confondre toute la science de l'homme, que celui que nous offre le sol arable.

Chacun peut se convaincre par les expériences les plus simples, que l'eau de pluie, en s'infiltrant dans la terre, ne dissout que des traces d'ammoniaque, de potasse, d'acide phosphorique ou d'acide silicique; que le sol ne cède à l'eau que des quantités insignifiantes des principes nutritifs qu'il renferme, que l'eau, enfin, ne lui dérobe à peu près rien. La pluie même la plus longue ne peut, si ce n'est par une action purement mécanique, enlever à la terre ses éléments de fertilité.

Et non-seulement le sol arable retient les principes nutritifs qu'il possède, mais son pouvoir de les conserver aux plantes va bien plus loin encore. Les observations de Thomson, de Huxtable, et surtout les travaux remarquables de Thomas Way, ont constaté le fait suivant: c'est que, lorsque l'eau provenant de la pluie ou d'une source quelconque et tenant en dissolution de l'ammoniaque, de la potasse, de l'acide phosphorique et de l'acide silicique, est en contact avec le sol, les corps que nous venons de nommer se séparent instantanément de cette solution; la terre les enlève à l'eau. Or, ce sont seulement les substances nécessaires à la nourriture des plantes que la terre enlève ainsi, les autres demeurent en totalité ou en grande partie dissoutes.

Si donc l'on observe avec soin l'effet produit sur le sol arable par les sels ammoniacaux, le sel marin, les nitrates de soude et de potasse, l'on voit qu'aucun de ces sels n'opère dans la forme sous laquelle il a été donné. Les sels ammoniacaux sont décomposés par le sol; l'ammoniaque est retenue par la terre, tandis que les acides de ces sels entrent en combinaison avec la chaux, la magnésie, les alcalis, en un mot, avec une base quelconque qui se trouve à proximité et ayant la propriété de se combiner avec eux.

Les sels à base de potasse et de soude se conduisent dans le sol de la même manière.

De même que l'acide carbonique provenant de la décomposition des matières organiques et dissous dans l'eau, les dissolutions des sels ammoniacaux se saturent de phosphates toutes les fois qu'elles en rencontrent de libres ou en excès dans le sol. Et lorsque ensuite ces mêmes solutions viennent à rencontrer certaines parties du sol non saturées de phosphates, elles leur cèdent ceux qu'elles contiennent, et transportent ainsi ces éléments nutritifs des endroits où ils sont en excès dans ceux où ils manquaient.

Lorsque l'on considère la grande solubilité des os pulvérisés par suite de leur décomposition dans l'acide sulfurique, et la facilité avec laquelle, sous cette forme, ils se répandent dans le sol, on ne peut à ce point de vue assez apprécier le pouvoir dissolvant des sels dont il s'agit.

Il n'y a en effet aucune comparaison à établir, entre l'effet produit par la fumure la plus énergique que puissent donner les phosphates réduits en poudre grossière et l'effet provenant d'une quantité bien plus petite des mêmes sels subdivisés à l'infini, et dont les molécules sont par là mises en contact immédiat avec une surface bien plus étendue du sol arable. Chaque radicelle n'a besoin, aux points où elle touche la terre, que d'une quantité infiniment petite de matière nutritive; mais il est nécessaire pour la régularité de ses fonctions, que cet infiniment petit se trouve juste à la place occupée par la radicelle même. Car si les principes nutritifs sont insolubles dans l'eau, un excès qui se trouve à une autre place ne peut être absorbé par elle et est perdu pour la nutrition. D'où il suit évidemment, que par l'action à la fois dissolvante et disséminatrice que nous venons de signaler, et quand bien même par leurs éléments ils ne prendraient aucune part directe à la végétation, les sels ammoniacaux ne sauraient manquer d'exercer une influence remarquable sur l'amélioration des récoltes.

Ces sels agissent donc de deux manières : d'une part, par l'ammoniaque dont ils enrichissent le sol; d'autre part, au moyen du nouveau composé formé par l'acide du sel ammoniacal; les phosphates, sels de chaux et silicates alcalins en combinaison avec cet acide, acquièrent par là un nouveau degré de solubilité qui en étend la diffusion dans la couche arable, multiplie leurs surfaces de contact avec les racines des plantes, et les met en état d'être absorbés par elles en plus grande abondance.

Les notions que nous venons d'exposer sur le rôle et l'action des matières azotées, ammoniaque et sels ammoniacaux, comme engrais, ont pour elles la sanction des faits constatés par les savantes recherches de M. Boussingault sur l'influence de l'azote assimilable sur le développement des plantes. Les expériences de l'illustre agronome ont montré à la fois et de la manière la plus décisive, combien l'azote assimilable introduit dans le sol contribue au développement du végétal, et combien la matière organique élaborée par la plante augmente par suite de l'intervention de la moindre quantité d'une substance agissant comme engrais azoté.

Il résulte, en effet, de l'ensemble de ces recherches :

Que l'azote, quand il est à l'état gazeux, n'est pas assimilé par la végétation ;

Qu'une plante qui vit uniquement aux dépens de l'air, de l'acide carbonique et des substances minérales ajoutées au sol exempt de débris organiques, ne renferme jamais, à aucune époque de son existence, plus de matière organisée azotée que n'en contenait la graine qui lui a donné naissance ;

Que cette matière organisée concourt, de la manière la plus efficace, à l'assimilation du carbone, des éléments de l'eau et à l'introduction des phosphates dans l'organisme ;

Que par conséquent, le nombre de cellules, comme la quantité de principes immédiats dont elles sont remplies, dépendent surtout de sa proportion ;

Que le phosphate de chaux, les sels alcalins et terreux, indispensables à la constitution des plantes, n'exercent néanmoins une action sur la végétation qu'autant qu'ils sont unis à des matières capables de fournir de l'azote assimilable ;

Que les matières azotées que l'atmosphère contient, interviennent en trop minime proportion pour déterminer, en l'absence d'un engrais azoté, une abondante et rapide production végétale ;

Que l'accroissement de la plante est tellement lié à l'action exercée par cette matière azotée, que sous les mêmes influences de temps, d'humidité, de température et de lumière, les plantes soumises à l'expérience ne paraissent pas assimiler plus de carbone, ni élaborer plus de cellulose, d'amidon, de sucre, dans une atmosphère riche

d'acide carbonique, que dans une atmosphère qui l'est infiniment moins;

Et enfin , que le salpêtre associé au phosphate de chaux et à des sels alcalins agit comme engrais, puisque des *helianthus* venus sous l'influence de ce mélange étaient, sous le rapport de la vigueur et des dimensions, comparables à ceux que l'on a récoltés sur une plate-bande de jardin.

Ce dernier résultat provoque les réflexions suivantes de la part du savant expérimentateur.

Il est bien remarquable de voir une plante parcourir toutes les phases de la vie végétale, germer et mûrir, en un mot atteindre son développement normal, quand ses racines croissent dans du sable calciné, contenant à la place de débris organiques en putréfaction des sels d'une grande pureté, de composition parfaitement définie, tels que le nitrate de potasse, le phosphate de chaux basique, des silicates alcalins, et de constater qu'au moyen de ces auxiliaires empruntés tous au règne minéral, cette plante augmente progressivement le poids de son organisme, en fixant le carbone de l'acide carbonique, les éléments de l'eau et en élaborant avec le radical de l'acide nitrique de l'albumine, de la caséine, etc. , c'est-à-dire les principes azotés du lait, du sang et de la chair musculaire. Il y a probablement plus d'analogie qu'on ne pense entre les sels que nous venons de mentionner et l'engrais des étables. En effet, le fumier, dans lequel Braconnot n'a pas signalé moins de quatorze substances, change singulièrement de constitution quand il a séjourné dans une terre convenablement ameublie. La fermentation, en continuant dans les parties molles la combustion lente que subissent l'humus, le terreau, ces termes avancés de la décomposition des corps organisés, l'action que l'air, l'eau, le sol exercent sur toutes ces matières, font qu'en définitive et en dernière analyse le fumier apporte aux plantes des sels alcalins et terreux, des phosphates, et comme détenteurs de l'azote assimilable, des nitrates et de l'ammoniaque.

En présence des conclusions que nous venons de rapporter, la double action nutritive et assimilatrice des engrais azotés, ammoniaque et sels ammoniacaux, est donc un fait démontré par les expériences les plus précises, les plus exactes et les plus sûres, et qui permet de poser avec certitude, en principe, que la fumure par ces mêmes engrais augmente l'action des substances nutritives organiques et minérales du sol dans un temps donné, c'est-à-dire que dans le même temps une plus grande quantité de ces substances est rendue efficace et est assimilée.

Pour mieux faire comprendre cet effet et en faire saisir toute la portée, rendons-le sensible par un exemple. Soit un champ pourvu de toute la somme des principes organiques et minéraux nécessaires pour produire sans engrais douze récoltes de paille et de blé. Si nous fumons ce champ avec des sels ammoniacaux, nous récolterons, je suppose, en une année, moitié plus que si le champ n'avait pas été fumé. Nous aurons, en ce cas, une récolte et demie, et en huit ans le rendement des douze récoltes moyennes, et le sol aurait ainsi perdu en huit ans ce qui lui aurait été retiré en douze seulement, sans l'emploi de l'engrais azoté. Il aurait été épuisé, c'est-à-dire serait devenu impropre à la culture du froment quatre années plus tôt.

Après l'emploi des sels ammoniacaux, le terrain se trouve donc dans un état de fertilité inférieur à celui qu'il possédait avant, et ainsi que nous venons de le voir, la raison de ce fait est dans le surcroît de rendement dû à

cur action. Comme ces sels ne peuvent remplacer ni
suppléer dans l'organisme végétal les substances minérales
qui entrent dans sa composition, il est évident que ce
n'est que par eux ou leur acide qu'est devenue active,
assimilable, toute cette portion des éléments du sol dont
se compose le surcroît de rendement résultant de leur
emploi. Ce n'est pas la somme des substances nutritives
qui a été augmentée, mais les parties actives de ces substances l'ont été, et leur action s'est trouvée momentané-
ment accélérée.

L'ammoniaque et les sels ammoniacaux donnés seuls
sont donc, par rapport à l'épuisement du sol, l'engrais
qui consume le plus vite le capital de principes nutritifs
qu'il possède; et quand ce sol est pauvre par sa nature,
l'engrais dont il s'agit ressemble à l'eau-de-vie que le
pauvre boit pour accroître en un temps donné les forces
nécessaires à son travail. Dans les deux cas, il en résulte
un épuisement, et c'est toujours l'inconvénient qui se
manifeste, lorsqu'on fait usage de matériaux simples de
nutrition, tandis que l'alimentation végétale exige un
grand nombre de substances.

En vain, l'agriculture attend la découverte d'une nouvelle source d'ammoniaque. Quand même on la trouverait,
quand même elle serait aussi riche que possible, l'agriculteur, voulant laisser à ses enfants un champ fertile,
devrait toujours revenir à cette loi invariable, base fon-
damentale de l'agriculture : qu'il faut rendre au champ
tout ce qu'on lui enlève, qu'il faut lui restituer tous les
éléments soustraits au sol par la récolte, loi dont aucune
découverte, aucun progrès ne sauraient affaiblir l'importance.

Nous avons vu quelle est l'action du sol arable, sa force
d'absorption envers trois des principes nutritifs les plus

nécessaires aux plantes cultivées : la potasse, l'ammoniaque et l'acide phosphorique, principes qui, en raison
de leur grande solubilité dans l'eau pure ou chargée
d'acide carbonique, ne pourraient rester fixes dans le sol,
si celui-ci ne possédait la propriété de s'en emparer et de
les retenir.

Il en résulte que ce n'est pas sous la forme d'une solution que le sol fournit à la plupart de nos plantes cultivées
les principes minéraux les plus importants. Car, en effet,
si lors du passage de leurs dissolutions à travers des couches de même profondeur que la terre arable ordinaire,
la potasse et l'ammoniaque se séparent des acides avec
lesquels ils sont combinés, et sont enlevés à l'eau d'une
façon si complète que l'analyse chimique puisse à peine
en montrer quelques traces, on ne saurait admettre que
l'eau de pluie possède, d'elle-même ou à l'aide de quelques centièmes d'acide carbonique, la propriété d'enlever
ces mêmes éléments au sol et de former ainsi une dissolution qui puisse s'infiltrer dans la terre, sans perdre de
nouveau les substances dissoutes; il en est de même pour
l'acide phosphorique et les phosphates; l'eau entièrement
saturée d'acide carbonique, dissoudra le phosphate calcaire, partout où elle le rencontrera sous forme de grains
ou en excès ; mais ce dissolvant ne peut que répandre ce
phosphate dans le sol, car cette solution ne peut quitter
l'endroit où elle s'est formée, sans que le sel qu'elle
contient ne lui soit enlevé par la terre, si celle-ci n'en est
pas saturée.

Il est dès lors plus que vraisemblable que les plantes
sont en majeure partie assujetties à puiser directement
leur nourriture dans les diverses parties du sol qui se
trouvent en contact immédiat avec leurs racines, et qu'à
un moment donné quelque agent rend la solubilité aux

substances qui l'avaient perdue en entrant dans le sein de la terre. Des expériences de M. Pollaci ont démontré que les radicelles des plantes dégagent sans cesse de l'acide carbonique. On conçoit dès lors que, l'humidité intervenant, le simple contact des spongioles avec les substances fertilisantes insolubles suffise pour ramener celles-ci à cet état qui leur permet de pénétrer dans l'intérieur des racines.

D'un autre côté, la comparaison de la composition des cendres de diverses plantes venues simultanément sur le même sol démontrant que chaque espèce absorbe ce qui lui convient le mieux, il y a lieu de conclure que, de même que la terre n'est pas un support inerte, une sorte d'éponge, de même les radicelles ne sont pas seulement des pompes aspirantes destinées à puiser un suc bien ou mal préparé, et comme par hasard, pour le refouler dans l'organisme, mais des instruments d'analyse ayant la mission de choisir les principes utiles aux besoins de chaque jour, de chaque phase, de les associer, de les pondérer; ou bien qu'il est dans le sol une police, si nous pouvons nous exprimer ainsi, qui écarte des plantes tout ce qui peut leur être nuisible, et leur choisit ce dont elles ont besoin.

L'amoniaque, la potasse et l'acide phosphorique que contiennent les urines, le purin étendu d'eau, les dissolutions de guano, sont entièrement absorbés par le sol; et si la quantité de terre est suffisante, l'eau qui en découle ne renferme plus de traces de ces substances.

Ces éléments sont retenus dans le sol d'une façon analogue à la matière colorante dans le charbon. Ils y restent dans un état propre à l'absorption par les racines, mais ils restent insolubles dans l'eau de pluie, et ne peuvent être enlevés que lorsque le sol arable en est saturé.

Ce pouvoir absorbant du sol est limité; chaque espèce de terre possède une capacité déterminée. Les terrains sablonneux, sous le même volume, absorbent moins que les marnes; celles-ci, moins que les terres argileuses; les différences entre les quantités absorbées sont aussi grandes que celles qui existent entre les terres mêmes.

La terre s'empare donc toujours des principes que nous pensions être absorbés directement par les plantes; et si l'on réfléchit que deux substances n'ayant pas d'éléments communs ne manquent jamais de se décomposer mutuellement et d'échanger leurs principes lorsqu'elles se trouvent en présence dans le même dissolvant, l'on voit de suite combien le mode d'agir des engrais est complexe et différent de celui que l'on peut supposer d'après les apparences. La matière est sans cesse affectée par des réactions chimiques, et la terre peut être comparée à un immense laboratoire où se réalisent à chaque instant, au profit de la vie, une multitude de décompositions et de compositions.

ALIMENTS CARBONÉS

(humus, fumier de ferme)

DE L'HUMUS. — SON ACTION

Les êtres organisés éprouvent par la mort une transformation ayant pour effet de faire disparaître peu à peu du sol la matière dont ils se composent. Ce grand phénomène de dissolution s'accomplit aussitôt que la mort arrête l'action des causes variées sous l'influence desquelles les combinaisons qui les composent s'étaient formées. Les produits de l'économie végétale et animale éprouvent par l'action de l'air, de l'eau, une série de métamorphoses, dont la dernière a pour résultat la transformation de leur carbone en acide carbonique, de leur hydrogène en eau, de leur azote en ammoniaque, de leur soufre en acide sulfurique.

Par l'effet des réactions chimiques qui sont la conséquence de la mort, les éléments des corps organiques reprennent donc la forme primitive, sous laquelle ils peuvent servir d'aliments à une nouvelle génération. Les éléments venus de l'air retournent à l'atmosphère; les éléments fournis par la terre rentrent dans le sol. La mort, la dissolution d'une génération entière devient ainsi la source d'une génération nouvelle.

Produit de cette transformation, l'humus, source principale des aliments carbonés du sol, est une matière très-riche en carbone, qui, mélangée avec une certaine quantité de matières animales et minérales, et soumise à l'influence de l'air, de l'humidité et de la chaleur, éprouve une décomposition lente qui produit de l'acide carbonique; cet acide sature une partie de l'ammoniaque qui résulte de la décomposition de la matière azotée. Lorsqu'il y a excès d'acide carbonique, il se dissout en partie dans l'eau dont le sol est imprégné, concourt puissamment ainsi à la solubilité de certains sels insolubles par eux-mêmes dans l'eau, mais solubles dans cet acide; ou bien, absorbé par les racines, il parcourt l'organisme végétal en lui cédant son carbone, ou s'échappe au dehors dans l'atmosphère environnante pour être repris en carbone par les surfaces respiratoires des plantes.

Lorsque celles-ci n'ont pas encore développé leurs feuilles, en d'autres termes, lorsque, ne vivant pas encore de la vie aérienne, elles ne peuvent par conséquent emprunter à l'atmosphère le carbone qu'elles doivent s'assimiler pour le développement de leurs tissus, où le trouvent-elles ce carbone, si ce n'est dans la tere, et quelle substance peut leur en fournir plus que l'humus?

L'humus n'agit pas seulement par ses éléments organiques (carbone, hydrogène, oxygène, azote), il agit encore par les substances minérales qu'il offre aux végétaux, précisément dans un état où leur absorption est facile, à mesure que se décomposent les matières organisées qu'il contient. Et si l'azote est l'âme de la végétation, l'on peut dire avec raison que l'humus en est toute la substance. L'azote sans l'humus dans les engrais, est le ferment sans la matière fermentescible; le condiment, sans l'aliment; le moteur, sans la machine. Ce n'est que par l'humus que la terre est devenue végétale, c'est-à-dire productive et féconde. L'humus, en un mot, est le végétal même rendu soluble, élaboré, transformé en son propre aliment.

L'humus, suivant Thaer, est une partie constituante plus ou moins considérable du sol, un produit de la force organique, une combinaison de carbone, d'hydrogène, d'oxygène et d'azote, résidu de la putréfaction végétale et animale; et comme il est une production de la vie, de même aussi il en est la condition. Ainsi la mort et la destruction étaient nécessaires à l'alimentation et à la reproduction d'une nouvelle vie. Plus il y a de vie, plus la quantité d'humus devient considérable, plus il y a d'éléments de nutrition pour les organes de la vie. Chaque être organisé s'approprie durant son existence une quantité toujours croissante d'éléments naturels bruts, et, en les travaillant au dedans de lui, produit enfin de l'humus. De sorte que cette matière s'augmente d'autant plus que les hommes et les animaux se multiplient dans une contrée, et que l'on cherche à multiplier les produits du sol.

L'humus, tel qu'il existe dans les matières organiques en voie de transformation, est caractérisé principalement par la propriété d'absorber avec énergie l'oxygène de l'air, de s'opposer à la décomposition trop rapide des matières animales et de s'unir avec force à l'ammoniaque et autres gaz provenant de cette décomposition. Il est, suivant l'expression de M. de Gasparin, le trésorier et l'économe de ces gaz utiles qu'il distribue sur toutes les phases de la végétation.

L'humus, non seulement est un aliment immédiat des plantes, mais en outre il est par lui-même un dissolvant puissant d'autres principes nutritifs fixes insolubles qui concourent au développement de la végétation.

M. Risler a fait à ce sujet une expérience pleine d'intérêt. Il a mélangé avec de l'eau cinquante grammes de feldspath finement pulvérisé, et environ vingt grammes d'acide humique, sorte d'humus artificiel. Il a laissé ce mélange plusieurs mois exposé à l'air, mais à l'abri de toute poussière, en ayant soin, à de courts intervalles de temps, de remuer la masse et d'y ajouter de l'eau, pour remplacer celle que l'évaporation avait enlevée. A la fin du troisième mois, l'acidité de l'humus artificiel avait disparu. Au bout de cinq mois, il ajouta encore de l'eau et fit digérer le tout à la température de vingt degrés. Après filtration il obtint une liqueur d'où il tira une certaine quantité de silice que d'autres expériences comparatives démontrèrent avoir été enlevée au feldspath par l'humus, et non par l'acide carbonique auquel l'humus même aurait pu donner naissance.

Ajoutons qu'en répétant des expériences semblables avec du phosphate de chaux, de l'oxyde de fer et d'autres matières fertilisantes insolubles, on arrive toujours à démontrer que l'humus, outre qu'il alimente par lui-même les plantes, est un dissolvant efficace et énergique de certains principes nutritifs minéraux insolubles.

L'humus modifie par sa présence l'état physique du sol. Provenant de débris organiques, il est aussi lent à se décomposer qu'à se former, et joue dans le sol le rôle d'amendement. Par cela même en effet qu'il attire l'humidité de l'air, il entretient la fraîcheur de la terre. S'interposant aux particules les plus déliées, il diminue la compacité des terres tenaces, et augmente celle des terres légères. Enfin il ameublit le sol qu'il rend plus perméable à la chaleur, et, sous l'influence des agents atmosphériques, ne cesse de se décomposer et de fournir aux végétaux azote, acide carbonique et sels minéraux dans un état propre à l'absorption.

DU FUMIER DE FERME. — SON ACTION

De tous les agents de fertilité, le meilleur et le plus anciennement connu est le fumier de ferme, dont la composition représente à la fois tous les éléments de l'organisation et tous les agents qu'on a proposé de lui substituer.

Ses principes actifs les plus importants, sont une certaine quantité de sels solubles, terreux ou alcalins, de sels ammoniacaux, de matière animale azotée, qui, par sa décomposition lente, donne chaque jour une certaine portion de carbonate d'ammoniaque, de l'humus déjà formé, et du tissu végétal en voie de transformation. Tous ces principes sont réunis mieux que partout ailleurs dans le fumier. Ce sont eux qui lui donnent une supériorité incontestable sur tous les engrais.

Tout fumier est formé aux dépens de l'air et du sol, et provient des champs du cultivateur. Incorporé à la couche arable, il lui rend tous les éléments que les matières animales et végétales qui le composent tiennent de ces deux sources.

La décomposition graduelle de ces matières produit de l'acide carbonique, de l'ammoniaque et des sels ammoniacaux. Elles forment dans le sol une source puissante qui rend l'air et l'eau contenus dans ce sol beaucoup plus riches en acide carbonique et en ammoniaque, que si l'engrais n'avait pas été ajouté, et offrent sous un volume réduit des produits minéraux qui, pour la plus grande partie, préexistaient dans le sol. Ces produits n'ont point été créés, mais condensés par la végétation, et l'état transitoire qui les caractérise dans le fumier n'a eu pour effet que de les rendre plus facilement assimilables.

En résumé, le fumier de ferme constitue un engrais complexe qui abonde en matières carbonées, et qui par cela même convient admirablement pour réparer, entretenir et accroître la masse d'humus dans le sol; il contient sous le titre de cendres, dans un état propre à l'absorption, les matières minérales qui entrent dans la composition des plantes, et qui toutes doivent se trouver dans le sol, puisque l'atmosphère n'en fournit aux récoltes que des traces insensibles.

Le fumier est donc le créateur par excellence de l'humus, et l'humus, grand modificateur des propriétés physiques du sol et dissolvant puissant de certains principes fixes insolubles, est, indépendamment de son action comme source d'alimentation végétale, l'agent qui met l'agriculture en mesure de tirer le maximum d'effet utile de toutes ses substances fertilisantes.

Tout ce que nous avons dit de l'humus se rapporte donc au fumier, qui en réalité n'en est que la matière première, et est pour les végétaux ce que le pain est pour l'homme.

Et comme le sol, constamment prodigue d'acide carbonique envers les plantes, est à cet égard leur unique ressource dans le premier âge de leur croissance, alors que, privées de leurs organes foliacés, elles ne peuvent rien tirer de l'atmosphère, et que, dans le règne végétal, de même que dans le règne animal, la vigueur du dernier âge se ressent puissamment de la vigueur du premier, on a compris enfin que le charbon soluble (acide carbonique) est le principe que l'agriculteur peut accumuler avec le plus de profusion dans le sol pour y constituer le terreau (humus); et c'est ainsi que, sans détruire en rien l'importance des matières azotées dont la rareté et l'utilité motivent le prix élevé, les matières carbonées, plus abondantes dans la nature et partant moins chères, ont maintenu le fumier en grand honneur dans le monde des praticiens.

Pour remplir le but de la culture, qui est le maximum du rendement, la nourriture aérienne par les feuilles se montre insuffisante. Les plantes ont besoin, pour arriver à un maximum de développement, d'une atmosphère artificielle d'acide carbonique et d'ammoniaque créée dans le sol même, et cet excès de nourriture qui manque aux feuilles doit être offert dans le sol aux organes qui les y remplacent, c'est-à-dire aux racines.

Si donc nous voulons faire produire à une surface donnée plus de principes (pain et viande), que la plante ne peut en retirer du sol et en extraire de l'atmosphère, c'est par le fumier, qui crée dans le sol même une atmosphère artificielle de tous les aliments de l'air, tout en donnant au sol les aliments minéraux qui lui manquent, que nous pouvons le mieux atteindre ce but.

Le fumier n'agit pas seulement comme aliment des plantes par les principes nutritifs minéraux et atmosphériques qu'il renferme; il agit aussi chimiquement et physiquement, c'est-à-dire par son influence sur la décomposition des substances qui se trouvent dans le sol, au moyen de l'acide carbonique, de l'ammoniaque des sels ammoniacaux et de l'eau qui s'en dégagent pendant sa putréfaction, et par l'élévation de température que celle-ci détermine. L'effet qu'il produit par cette double action est souvent plus grand que celui qu'il réalise comme aliment des plantes.

Les substances insolubles du fumier ne s'échappent pas par la fermentation, et on les trouve dans le fumier décomposé comme dans le fumier frais; seulement dans le premier elles sont plus dégagées, plus libres et dans un état plus assimilable; c'est pour cela qu'il agit plus activement que le fumier frais.

Par la fermentation au contraire, il s'échappe de l'ammoniaque et une petite quantité d'acide carbonique. Celui donc qui veut obtenir du fumier toute l'action chimique et physique qu'il peut produire, doit le transporter sur les terres avant qu'il soit fermenté.

Par l'élévation de température que la fermentation détermine, et en raison des substances insolubles qui abondent dans l'argile, le fumier frais ou non décomposé convient parfaitement aux terrains froids ou argileux.

Par contre, ce même fumier ne convient pas au sable qui ne contient que très-peu de substances à décomposer, et où l'élévation de température est loin d'être nécessaire. L'emploi du fumier décomposé est ici à sa place; il y dure même plus longtemps.

Au moyen du fumier d'étable, un champ épuisé par la culture recouvre entièrement sa fertilité; c'est là un fait consacré par l'expérience depuis des milliers d'années.

Ici s'élève la question de savoir de quelle manière les aliments organiques et inorganiques du fumier prennent part au rétablissement de la fertilité.

Les matières organiques proviennent de l'air et non du sol ; et si, sous ce rapport, on peut prétendre que les récoltes n'enlèvent rien au sol, et le soutenir avec d'autant plus de raison qu'un champ maintenu en état de culture n'en devient pas plus pauvre en matières organiques ; que loin de là, au contraire, l'observation fait voir que le sol d'une prairie qui a donné en dix ans mille quintaux de foin par hectare, est, après ces dix années, plus riche en matières organiques qu'auparavant ; qu'un champ de trèfle conserve encore, par les racines qui sont demeurées sur le sol, plus des mêmes matières qu'il n'en contenait primitivement, et est devenu pourtant improductif pour le trèfle, et ne peut plus donner de produits satisfaisants ; qu'il en est de même d'un champ de blé ou de pommes de terre, que ces récoltes ne rendent pas plus pauvre en ces mêmes substances, et qu'après une série de bonnes récoltes en grains, en trèfle, en pommes de terre, aucune de ces plantes ne peut plus réussir sur le même terrain.

Si toutes ces données démontrent avec évidence que, en général, la culture enrichit le sol en substances organiques, mais néanmoins diminue sa fertilité, et que dès lors cette diminution, par cela même qu'elle ne peut être déterminée par aucun manque de principes organiques dans le sol, provient nécessairement d'un déficit de substances nutritives minérales opéré par les récoltes enlevées, et ne peut, par conséquent, être réparé que par la restitution au sol de ces mêmes substances.

On ne saurait cependant en conclure d'une manière absolue que les matières organiques du fumier ne prennent aucune part au rétablissement de la fertilité du champ épuisé ; car, quelque vrai qu'il puisse être que la culture n'appauvrit pas le sol en matières organiques, et que ces matières agissent principalement en améliorant la constitution physique du sol, et aussi en accélérant l'action des aliments minéraux, et qu'à ce point de vue leur effet soit toujours de rendre plus prompt et plus complet l'épuisement du sol, ces éléments de l'air, matières organiques, ne font pas moins partie de tous les éléments nutritifs que le fumier lui apporte, deviennent éléments du sol, et, tout en augmentant l'action de ces derniers, agissent comme eux en concourant directement et de la manière la plus efficace à la nutrition souterraine de la végétation, à laquelle ils impriment, dans sa première phase, une vitalité qui accroît le nombre et le volume de ses organes absorbants, les met ainsi en état de puiser plus largement dans le sol et l'atmosphère, et par suite de laisser à la terre, en matières organiques, plus qu'elle ne lui a pris.

La question d'ailleurs n'est-elle pas tranchée par l'humus, partie intégrante, constitutive, de toute terre végétale normale, qui entre aussi dans le fumier comme matière alimentaire propre, et par ce fait si vulgairement connu que, dans une terre sans humus, le rendement est toujours maigre et peu productif.

Si donc le rétablissement de la fertilité du champ épuisé par la culture repose incontestablement sur la restitution de tous les principes nutritifs minéraux que les récoltes ont enlevés, nous pouvons au moins soutenir avec raison, et en nous appuyant sur les leçons que nous donne la Providence par l'humus, que, pour les terres pauvres en matières organiques, mais normalement constituées sous le rapport minéral nutritif, les conditions de la fertilité ne peuvent être complètes que par le mode employé par elle, et suivant lequel, avec le temps, elle rend végétales au plus haut degré de la fécondité les terres abandonnées à ses soins ; mode qui consiste à rendre au sol tous les éléments minéraux qui en sont sortis, mais aussi à les rendre tels que la vie les avait combinés, organisés, ou plutôt tels que la décomposition par la mort les prépare et les livre à une vie nouvelle, c'est-à-dire associés aux matières organiques, et par conséquent dans le rapport, la mesure et l'état qui conviennent le mieux à une organisation nouvelle.

Les notions les plus élémentaires de la physiologie nous apprennent en effet que la question d'engrais, envisagée au point de vue de la production végétale, ne consiste pas seulement à fournir à la plante de l'azote, du phosphore, etc., mais autant que possible ces principes associés au carbone, à l'oxygène, à l'hydrogène, aux alcalis, etc., en un mot à approcher, autant que faire se peut, des méthodes admirables que nous offre la Providence, lorsque les détritus de la végétation ou de la vie retournent dans le torrent d'une végétation ou d'une vie nouvelle.

Tout ce qui manque à un terrain pour lui assurer le maximum de fertilité, constitue les éléments de l'engrais le mieux approprié à ce terrain ; et si le fumier de ferme convient à tous les sols, à toutes les cultures, et est l'engrais par excellence, l'engrais universel, c'est qu'il renferme tous les éléments de nutrition que les plantes ont déjà puisés dans la profondeur de la couche arable, qu'il les possède aussi dans le rapport, la mesure et l'état de combinaison, d'heureuse association, de décomposition facile, en un mot d'assimilation prompte, qui conviennent le mieux à leur reproduction.

Nul doute, par conséquent, que les débris de la ferme ou son fumier ne soient, par tous leurs éléments tant organiques qu'inorganiques, essentiellement propres à la fertilisation du sol qui en dépend ; nul doute non plus qu'une convenable répartition d'un domaine, de manière à consacrer telle de ses parties à l'engraissement des bestiaux, telle autre à la culture des céréales, ne soit également logique ; mais, comme le fait observer M. Bobière, pour apprécier convenablement la question d'engrais, il est indispensable de se placer sur un terrain plus élevé, et de considérer tout à la fois la composition géologique d'un territoire donné et les conditions économiques de transport, qui y dominent les transactions et les pratiques de l'agriculture.

Sous ce dernier rapport, le fumier, il est bon qu'on le sache, contient en moyenne soixante-dix à quatre-vingts pour cent d'eau, dont la présence grève d'autant son transport. Sa quantité, ainsi que nous allons bientôt le démontrer, n'est malheureusement pas en rapport avec les besoins de l'agriculture ; et, s'il est utile d'encourager sa production, ainsi que l'amélioration des méthodes aujourd'hui barbares de sa conservation, il ne s'ensuit pas que les engrais nombreux d'origine animale, végétale et minérale, qui peuvent lui venir en aide, doivent pour cela être négligés.

En se plaçant au point de vue géologique, on ne tarde pas à reconnaître que sur les terres dont la constitution minérale est incomplète par rapport à certains éléments essentiels à la végétation, il y a lieu, par suite, de modifier la composition de certains sols par l'introduction de matières propres à certains autres. Nous n'insisterons pas sur le développemeut de cette vérité : aucune théorie n'aurait à cet égard la haute éloquence des faits qui se sont accomplis et s'accomplissent tous les jours dans les terrains alumineux, siliceux de plusieurs contrées, notamment de la Bretagne, de la Mayenne, de la Vendée et de la Sologne, où l'emploi de la chaux et de son phosphate en noir animal, a réalisé depuis vingt-cinq ans des résultats admirables et quadruplé la production des céréales, en permettant le défrichement des landes.

On reconnaît encore que certains sols renferment, au point de vue qualitatif et quantitatif, les éléments favorables à telle végétation, et ne sauraient dès lors convenir à telle autre.

C'est ce que la nature démontre, en déterminant des lieux d'élection pour chaque végétal et en faisant prospérer la luzerne sur les terres calcaires, le blé sur les sols riches en acide phosphorique, et la vigne sur les coteaux qui peuvent lui fournir la potasse.

De plus, il arrive fréquemment que la culture par trop prolongée d'une catégorie spéciale de plantes détermine l'épuisement d'un ou de plusieurs principes du sol, qu'il y ait ensuite opportunité, nécessité même de restituer à la terre.

Il résulte, comme on le voit, de toutes ces circonstances, qu'il est souvent indispensable d'amender les sols où l'on veut indifféremment cultiver tel ou tel végétal, c'est-à-dire de le pourvoir de certains éléments minéraux, que le fumier ne saurait lui fournir dans la proportion voulue.

Tout l'art de l'agriculteur se réduit donc à découvrir ce qui manque à la terre, à le lui fournir, et surtout à savoir quels sont les éléments que ses terres possèdent le moins et ceux que les plantes qu'il cultive demandent le plus. La réalisation complète de tous ces desseins suppose une connaissance exacte de toutes les conditions nécessaires à la vie des plantes, de leurs substances nutritives et des sources où elles les puisent; elle suppose encore la notion des moyens à employer pour rendre le sol propre à les nourrir, et la pratique de ne les employer qu'en temps convenable et de la manière la plus avantageuse.

ALIMENTS MINÉRAUX

(éléments nutritifs fixes du sol)

INSUFFISANCE DU FUMIER D'ÉTABLE

La vie des hommes, des animaux, des plantes, est intimement liée au retour de toutes les conditions auxquelles leur existence est subordonnée. Par l'action de ses principes nutritifs fixes, le sol prend part à la vie des plantes; une fertilité perpétuelle est inconcevable et impossible, sans le retour des conditions qui ont rendu le sol fertile.

Le fleuve le plus puissant qui met en mouvement des milliers de moulins et de machines, tarit lorsque les rivières et les ruisseaux qui l'alimentent viennent à tarir. Ceux-ci tarissent à leur tour, lorsque la pluie ne leur fournit plus, à l'endroit où ils prennent leur source, les nombreuses petites gouttes d'eau qui les composent.

De même tarit le sol, pour toute culture qui ne lui rend pas tout ce qu'elle lui prend; toutes les plantes sans exception l'épuisent; il n'en est pas qui le ménagent et dès lors encore moins qui l'enrichissent.

Si jamais, dit Liebig, l'exactitude d'un fait a pu être démontrée à l'aide de la balance, il n'en est pas un seul dans tout le domaine de la chimie qui soit mieux constaté par l'analyse que celui-ci : c'est que le sol du champ, même le plus fertile, ne contient qu'une somme très-limitée des substances minérales nécessaires à la vie des plantes. Pour en donner une idée, il suffit de rappeler qu'avant 1834 les meilleurs chimistes n'étaient pas encore parvenus à reconnaître que la potasse est un élément contenu dans le sol arable, l'argile et la pierre calcaire, et qu'avant la découverte de réactifs nouveaux inconnus à cette époque, on ne pouvait même constater qu'avec la plus grande difficulté la présence de l'acide phosphorique dans le sol. Quant à une détermination quantitative, il n'y avait pas à y songer ; la science nous a appris depuis, que l'acide phosphorique, la potasse et la chaux, sont des générateurs de la vie organique, et par conséquent de la force vitale ; ces éléments ne sont donc rien moins qu'inépuisables.

Le cultivateur fait passer une partie de ces substances dans les produits de ses champs, produits qui servent à la nourriture des hommes et des animaux. Les parties qu'il enlève sont précisément celles qui donnent au sol son efficacité sur la végétation ; en ne les lui rendant pas, il le dépouille de toutes les conditions nécessaires pour en produire de nouveaux ; et quelle que soit la plante qu'il cultive et l'ordre dans lequel elle succède à une autre, la fertilité de ses terres diminue incessamment.

Si au contraire les substances nutritives que l'on a ravies au sol par les récoltes lui sont restituées chaque année ou après chaque rotation, le sol conserve indéfiniment sa fertilité tout entière ; le profit du cultivateur est un peu diminué par suite du rachat de ces substances, mais ce profit est durable.

Le fumier nous fournit tous les jours la preuve de cette vérité ; mais s'il n'est pas douteux que, appliqué en proportions convenables dans un assolement où chaque plante arrive à son tour, le fumier puisse donner au sol le pouvoir de produire une nouvelle série de récoltes, il n'est pas moins vrai qu'au point de vue des besoins généraux de l'agriculture, toute la masse qui en est produite est de beaucoup insuffisante à renouveler dans le sein de la terre les principes de fécondité qui lui sont annuellement enlevés par les récoltes, et sans lesquels toute fertilité est condamnée à une décroissance progressive évidente.

Et comment en serait-il autrement ? Dans toute exploitation rurale qui vend une partie de ses produits et qui avec l'autre partie fabrique tous ses engrais, il n'y a, en effet, que les récoltes consommées sur place qui fassent retour au sol, et encore sur cette partie transformée en engrais faut-il retrancher tous les éléments soustraits par le bétail pour sa croissance, ou convertis par lui en viande, lait, laine, cuir, corne, os, etc.

A cette cause inévitable d'appauvrissement du sol, vient se joindre tout ce que la vente ou l'exportation des récoltes en grains, graines, paille, fourrages et autres produits servant à la nourriture de l'homme ou aux besoins de l'industrie, lui enlève, sans retour, dans la somme des principes constitutifs de sa fécondité.

Chaque récolte, chaque plante ou partie de plante que l'on enlève au sol, lui fait perdre la faculté de reproduire cette récolte, cette plante ou partie de plante, au bout d'une série d'années de culture. Mille grains ont besoin de retirer du sol mille fois autant d'acide phosphorique qu'un seul grain ; mille tiges, mille fois autant d'acide silicique qu'une seule tige ; et lorsque la millième partie de ces substances manque au sol, le millième grain et la millième tige ne peuvent se former. Une seule tige de blé enlevée à un champ de céréales, fait que ce champ ne porte plus désormais de tiges semblables.

Ce n'est pas le champ en lui même, ce sont les substances nutritives qu'il renferme qui font la richesse du cultivateur ; en vendant son blé sans restituer au sol ce que le sol a fourni de sa propre substance pour constituer ce produit, le cultivateur vend son champ. Il vend, ainsi, certains principes fixes qui font toute sa valeur et qui ont servi à former le corps de la plante ; et lorsqu'il réalise les produits de ses terres, il prive celles-ci de toutes leurs conditions de fertilité future ; une culture pareille mérite avec raison, ainsi que la qualifie Liebig, le nom de culture par rapine.

Par son origine même, le fumier ne peut évidemment restituer à la terre que ce qu'il en a reçu par les litières et les fourrages, moins toutefois, avons-nous dit, les éléments qui se sont fixés dans le corps des animaux pour leur croissance, ou qui ont servi à former la viande, le lait, la laine, le cuir, la corne, les os, etc.

Pour rendre au sol tout ce que le sol a perdu pour la production du blé et de tout ce qui compose la nourriture de l'homme, il manque incontestablement au fumier des animaux les urines et les excréments humains ou le fumier de l'homme, qui renferment en effet la totalité des principes fixes du grain et de la viande; et les grandes villes où depuis des siècles nous envoyons ces produits sans en rien ramener, semblables à des abîmes sans fond, engloutissent par là toutes les conditions de fertilité de la plus grande partie de nos terres.

C'est ainsi qu'au bout d'une série de siècles, les cloaques de la ville éternelle ont englouti tout le bien-être du paysan romain; et lorsque ses champs ne furent plus à même de suffire à l'alimentation des habitants, les richesses de la Sicile, de la Sardaigne et des côtes fertiles de l'Afrique vinrent s'engouffrer dans le même cloaque.

En présence de ce détournement fatal, de cette spoliation flagrante du sol pratiquée sur une aussi grande échelle, ne concevons-nous pas le déficit immense que la terre subit tous les ans, entre ce qu'elle dépense de sa richesse pour la constitution des récoltes et ce qu'elle en reçoit par leurs résidus en fumier?

La part que notre agriculture fait à l'homme pour sa nourriture ou les besoins de son industrie, est au moins des trois cinquièmes de la superficie cultivée. Si donc le retour des éléments soustraits au sol par le plus grand de ses produits, le blé, par la production animale et les matières premières de l'industrie fait défaut à cette superficie,

c'est bien en réalité et de toute évidence les trois cinquièmes au moins des principes enlevés au sol par sa
culture, que le fumier ne lui rend pas et ne saurait lui
rendre; et puisque ce déficit ressort manifestement de
toute la masse consommée par l'homme, ou absorbée par
la production animale, ou livrée à l'industrie, il est manifeste aussi que ce n'est que dans les résidus de cette masse,
les excréments humains et autres débris, ou dans les
éléments minéraux qui la constituent, que nous pouvons
retrouver ces principes et les recueillir pour rétablir l'équilibre dans la composition de nos champs cultivés.

De là l'évidente, l'impérieuse, l'absolue nécessité des
engrais commerciaux, artificiels et minéraux; eux seuls,
en effet, peuvent réintégrer dans nos champs les éléments
qui en sont sortis sous forme de grains, de bestiaux et de
produits de toutes sortes. Le commerce et l'industrie les
ont enlevés, c'est à eux, dès lors, qu'il appartient de
nous les rendre. La forme de cette restitution, que ce soit
par du sang, des os, de la laine, des cornes, des excréments, du guano, des cendres, du plâtre, de la chaux,
des sels, etc., est à peu près indifférente. La donnée principale est de remplacer tous les principes enlevés; il ne
faut en oublier aucun. Si le remplacement ne se fait pas
entièrement, la fertilité diminue; si l'on rend plus que le
sol n'a perdu, la fertilité augmente.

Un tas de fumier est composé dans son ensemble de
différentes parties, dont le cultivateur ne doit perdre aucune. Si par un moyen quelconque il était possible de
séparer les substances fixes du grain, ces substances
seraient, sans aucun doute, de la plus grande valeur
pour sa production. Dès lors, comment ne voit-on pas
que par la vente du blé cette séparation a lieu réellement,
mais au détriment du sol; que les substances fixes du
fumier, devenues éléments du grain et vendues avec lui,

ne faisant plus retour au sol, le cultivateur vend ainsi la partie de son fumier la plus importante et la meilleure ?

D'un autre côté, deux tas de fumier, de même apparence et paraissant être de même nature, peuvent produire des effets fort différents. Si l'un de ces tas renferme les substances minérales du grain en quantité double de l'autre, l'effet qu'il produit est double également. En privant le sol des substances que le grain avait reçues du fumier, la richesse de celui-ci, qui n'est en réalité que l'expression même de la richesse du sol, va nécessairement comme celle-ci, en s'appauvrissant de plus en plus des éléments du grain, et son pouvoir fertilisant de même que son activité en diminuant pour les récoltes suivantes.

Le plus simple bon sens du premier paysan venu lui fait cependant comprendre que dans toute culture on ne peut vendre les plantes fourragères sans faire un tort évident à la production du grain ; que sans fumier, il n'est point de culture durable possible, et qu'en vendant son fourrage on vend son fumier ; mais la majeure partie de nos cultivateurs les plus éclairés en est encore à comprendre qu'en vendant son grain, on vend également et à plus forte raison son fumier ; que la vente du grain porte préjudice à la culture du trèfle, c'est-à-dire qu'il nous faille fumer le terrain auquel nous voulons faire porter du trèfle.

Les rapports naturels et réciproques qui existent entre ces deux cultures sont pourtant aussi clairs que le jour.

Les substances minérales indispensables à la production du trèfle et du blé, sont presque identiques dans l'une et l'autre plante. Le blé a besoin pour se développer d'une certaine quantité d'acide phosphorique, de potasse, de chaux et de magnésie. Les éléments du sol contenus dans le trèfle sont les mêmes, plus un excédant en potasse, en chaux et en acide sulfurique. Le trèfle reçoit ces substances du sol ; le grain, comme on peut l'admettre, les reçoit du trèfle par le fumier ; si on vend le trèfle, on enlève au sol tous ses moyens de produire le grain. C'est ce que tout paysan comprend. Si c'est le grain que l'on vend, la récolte de trèfle de l'année suivante manque nécessairement ; car les éléments indispensables à sa production sont passés dans le grain et vendus avec lui, ont disparu sans retour. C'est ce que la plupart de nos cultivateurs les plus éclairés ne veulent pas comprendre. Ils cultivent le trèfle pour avoir de l'engrais pour le blé ; quel avantage y aurait-il, s'il fallait de nouveau engraisser la terre pour avoir le trèfle ? Celui-ci, disent-ils, ménage, enrichit le sol, et dès lors la terre le leur doit pour rien. C'est de cette profonde ignorance du principe fondamental de toute industrie, que découlent toutes les fautes du système de culture dominant.

Les substances nutritives du sol, ne sont-elles pas, en effet, dans le sens rigoureux de l'expression, le capital productif ou circulant de la terre dont les récoltes sont le produit ? Prendre à la terre des récoltes, sans lui restituer ce qu'elle a dépensé de son capital pour les produire, n'est-ce pas exactement prendre à un manufacturier les produits de sa manufacture, sans lui en payer le prix ou l'équivalent en matières premières, le spolier ainsi de son capital circulant et le mettre dans l'impossibilité de continuer de produire ; en d'autres termes, n'est-ce pas le ruiner par la faillite ? Et c'est exactement, aussi, ce qui arrive au sol par le système de culture dont nous usons envers lui : système qui consiste à appliquer le capital productif des deux cinquièmes de la superficie cultivée (les éléments du sol appartenant aux plantes fourragères), à la production des trois autres cinquièmes (le blé), jusqu'à consommation complète de ce capital, c'est-à-dire jusqu'à ce que, le trèfle venant à manquer par suite de la disparition de ses éléments sous forme de blé, celui-ci à son tour manque également, par le défaut de retour de ses propres éléments ou de son capital productif, et que famine s'en suive.

A quelque point de vue que l'on considère cette vente de blé ou de toute autre plante cultivée, l'effet qui en résulte pour le cultivateur qui ne remplace pas les substances nutritives fixes enlevées est toujours l'épuisement du sol. Il le rend ainsi improductif pour le trèfle, ou il prive le fumier de son efficacité.

Achevons de le démontrer.

Dans nos champs épuisés, les racines des céréales ne trouvant plus dans les couches supérieures du sol assez de nourriture pour une récolte entière, le cultivateur leur fait succéder d'autres plantes, telles que le trèfle, la luzerne, les navets, la betterave, dont les racines, en raison de leur longueur, vont jusqu'au sous-sol, le pénètrent, le fouillent, y puisent toutes les substances nutritives nécessaires à la formation du grain. Le rapport qui s'établit alors entre le sol et le sous-sol, est à peu près le même que si la surface cultivée avait été doublée. Les racines de ces plantes recevant la moitié de leur nourriture du sous-sol et l'autre moitié du sol arable, celui-ci ne perd, lors de la récolte, que la moitié de ce qu'il aurait perdu si ces plantes avaient tout puisé en lui-même. Elles ménagent donc, en effet, le sol, mais seulement de tout ce qu'elles prennent au sous-sol, et ne l'enrichissent qu'en ruinant ce dernier.

Avec les résidus des racines de ces plantes, avec les principes fixes des feuilles, des racines et des tubercules que le cultivateur a soin de répandre sous forme d'engrais dans la couche arable, il complète et condense les éléments qui manquaient pour la production d'une ou de plusieurs récoltes pleines; il réunit ainsi dans les couches supérieures les substances nutritives éparses et disséminées plus bas, et par l'alternement des cultures les fait passer d'un champ à un autre.

Mais les plus grandes bourses finissent par se vider, quand on y puise toujours sans y rien remettre. La luzerne, le trèfle, les navets, la betterave ont besoin pour leur développement d'une grande quantité de substances minérales, et le sous-sol s'épuise d'autant plus vite qu'il en contient une moindre quantité. Comme il n'est pas séparé du sol et qu'il se trouve sous lui, celui-ci, en vertu de la force d'absorption qui le caractérise et qu'il est dans sa nature d'exercer sur tout principe fertilisant, retient ceux qui lui ont été fournis aux dépens du sous-sol, et c'est à peine si ce dernier peut rentrer en possession d'une faible partie des principes qu'il a perdus. Il n'y a que la potasse, l'ammoniaque, l'acide phosphoriqne et l'acide silicique, que la couche arable ne retient pas fixés en elle, qui puissent pénétrer jusqu'à lui, et dès lors ces quantités ne peuvent être qu'extrêmement minimes.

Aussi longtemps que le sous-sol favorise leur production, la culture des plantes à racines qui pénètrent profondément dans la terre, peut donc procurer un supplément de substances nutritives à celles qui puisent de préférence leur nourriture dans la couche arable, et maintenir la fertilité de celle-ci aux dépens de la couche sous-jacente. Mais au bout d'un espace de temps relativement court, il arrive que ces plantes ont tant ménagé le sol que le sous-sol n'a plus rien à leur offrir. Elles cessent alors de réussir, parce que le sous-sol est épuisé, et qu'il est très-difficile, comme nous venons de l'expliquer, de lui rendre sa fertilité.

C'est bien toujours, comme on le voit, le même système : faire vivre le sol aux dépens du sous-sol, sacrifier le capital productif de celui-ci à la production de celui-là, jusqu'à consommation complète et que stérilité s'en suive, tel est le résultat final de toute culture par le seul fumier de ferme (1). Si excellent qu'il soit en lui-même, il ne rend rien à la terre de tous ses produits qui ont été transportés dans les villes, et tout ce qui s'écoule par là, sans retour, des éléments du sol, est l'essence de notre vitalité future; autant d'éléments de vie enlevés aux générations qui viendront après nous, car là où le grain ne peut plus croître, l'homme ne croît plus aussi.

Le salut de l'agriculture n'est donc pas seulement dans le fumier de ferme, il est et ne peut être que dans la restitution complète à la terre de tous les principes que les récoltes lui enlèvent; et si c'est par le fumier que l'on veut que sa restauration s'opère, n'oublions pas surtout le fumier de l'homme, qui est pour le blé et la viande et tout ce qui compose sa nourriture le moyen d'ordre providentiel par excellence de rendre au sol tous les éléments indispensables à la reproduction normale des plantes et des animaux qui le nourrissent, et cela dans le rapport, la mesure et l'état qui conviennent le mieux à cette reproduction, ou plutôt donnons à la terre pour chaque plante son propre fumier; pour tous les produits qui font partie de sa nourriture, le fumier de l'homme; pour les plantes fourragères, le fumier des animaux; pour les plantes industrielles, leurs propres résidus. Que tout ce qui est terre et qui sort de la terre pour entrer dans ses produits, que

(1) Il va sans dire que toute notre argumentation ne s'applique qu'aux cultures où les prairies naturelles irriguées ne jouent aucun rôle dans la production des fumiers; car les eaux et le limon qu'elles déposent en font de véritables sources d'éléments salins. Annexées aux terres arables dans une juste proportion, elles leur restituent les principes qui en sont distraits par l'exportation et peuvent réparer les pertes qui en résultent.

toutes les cendres des plantes, en un mot, lui soient rapportées; car elles sont leur matière première nécessaire, et bien plus encore que le phénix, les mêmes plantes ne peuvent renaître que de leurs cendres. Les engrais dont nous parlons les renferment toutes.

Partout dans la nature, dominent des lois qui maintiennent la vie sur la terre, et lui conservent une durée et une fraicheur perpétuelles. La terre ne vieillit et le germe de la vie ne meurt que là où l'homme, avec son esprit borné, les méconnaît ou les renie. Ce qu'il fait, lorsqu'il contrarie l'action régulière des conditions nécessaires à la vie et qu'il les trouble, les arrête dans leurs fonctions.

Les hommes, les animaux, les plantes s'accroissent et vivent aux dépens de la terre et de l'air. Or, la Providence a voulu que ce qui vient de l'air y retourne, et que ce qui vient de la terre y retourne également. C'est ainsi qu'elle procède, pour rendre végétales et productives les terres que nous recevons de ses mains; sachons donc mieux interpréter ses leçons. Rendons à la terre, cette mère commune, tout ce dont elle se dépouille pour le maintien de notre existence sur son sol; ce que les fonctions de notre nature veulent apparemment que nous lui rendions, et ce que nous sommes tenus de lui rendre, si nous voulons qu'elle soit encore la patrie de nos descendants; et puisque les éléments de l'air retournent spontanément, d'eux-mêmes, par l'effet de la mort, au grand réservoir où la vie les puise; qu'il en est tout autrement des éléments du sol, qui ne peuvent lui être rendus que par la main de l'homme, concluons de là que *toute culture ne peut aliéner, d'une manière durable, que ce qui est équivalent à la production de l'atmosphère; et rien de ce qui est du sol, c'est-à-dire des éléments qui sont les conditions essentielles de sa fécondité.*

Ce principe, conforme à la loi naturelle, est la base de

toute exploitation rationnelle du sol, et résume toute la sagesse que la science puisse enseigner à celui qui le cultive..

Nous ne nous dissimulons pas, dit Liebig, que longtemps encore la science prêchera à des sourds; aussi longtemps qu'il s'en trouvera à qui la spoliation de leurs propres terres donnera de belles récoltes et de grands bénéfices, il ne faudra pas penser à une pratique rationnelle : le sol est et demeure pour eux une vache dont ils réclament le lait, mais qu'ils nourrissent de sa propre chair. Ce n'est que quand ils verront le jour à travers le squelette de la pauvre bête, qu'ils seront convaincus de la fausseté de leur théorie. Le pillage est un système qui s'est trop fortement enraciné dans la nature de l'homme, et rien ne l'épouvante plus que d'avoir à faire quelques efforts pour se procurer un avantage quelconque. Il est et reste en bien des choses un enfant, pour qui la plus grande peine est de devoir apprendre et d'aller à l'école; il n'y a que la nécessité qui le pousse, mais elle viendra assez vite.

Notre sol n'est pas encore frappé de stérilité, malgré les pertes qu'il fait constamment dans ses principes essentiels; mais l'heure est marquée où, en poursuivant le système actuel, il doit cesser de donner des produits rémunérateurs. Ce n'est qu'une simple question de temps, et celui-ci résoudra le problème indubitablement. Nous faisons, en attendant, tout ce qu'il faut pour rendre la solution prévue inévitable et prompte. Nous vendons nos terres les plus fertiles dans leurs produits, et, sans souci de l'avenir, nous vivons, à fond perdu, de leur capital productif.

DUMAY.

Clermont-Ferrand, le 1er avril 1863.

www.ingramcontent.com/pod-product-compliance
Lightning Source LLC
Chambersburg PA
CBHW071348200326
41520CB00013B/3143